Inhaltsverzeichnis

Seite	Thema
2	Wiederholung: Zehnerzahlen addieren
3	Zehner zu gemischten Zehnern addieren
4	Zehner zu gemischten Zehnern addieren
5	Aufgabenfolgen
6	Zehnerzahlen subtrahieren
7	Zehner von gemischten Zehnern subtrahieren
8	Zehner von gemischten Zehnern subtrahieren
9	Aufgabenfolgen
10	Gemischte Zehner subtrahieren
11	Gemischte Zehner subtrahieren
12	Aufgabe und Tauschaufgabe
13	Verwandte Aufgaben
14	Einer von Zehnerzahlen subtrahieren
15	Einer von Zehnerzahlen subtrahieren
16	Wiederholung: Zum Zehner hin
17	Wiederholung: Vom Zehner aus weiter
18	Plus-Aufgaben mit Zehnerübergang
19	Plus-Aufgaben mit Zehnerübergang
20	Schrittweises Addieren
21	Schrittweises Addieren
22	Zehnerübergang beim Addieren erkennen
23	Übungen zum Addieren und Subtrahieren
24	Wiederholung: Zum Zehner hin – vom Zehner weg
25	Minus-Aufgaben mit Zehnerübergang
26	Minus-Aufgaben mit Zehnerübergang
27	Schrittweises Subtrahieren
28	Schrittweises Subtrahieren
29	Zehnerübergang beim Subtrahieren erkennen
30	Übungen zum Addieren und Subtrahieren
31	Übungen zum Addieren und Subtrahieren
32	Zahlenmauern

Wiederholung: Zehnerzahlen addieren

1

40 + 20 = ____

2

60 + 30 = ____

50 + 40 = ____

50 + 50 = ____

3

30 + 30 = ____

30 + 50 = ____

50 + 10 = ____

4

40 + 50 = ____	60 + 30 = ____	20 + 50 = ____
70 + 10 = ____	40 + 40 = ____	80 + 10 = ____
20 + 40 = ____	10 + 90 = ____	30 + 40 = ____

5

10 + 20 = ____	20 + 10 = ____	80 + 20 = ____
30 + 30 = ____	40 + 20 = ____	10 + 50 = ____
70 + 20 = ____	60 + 40 = ____	30 + 50 = ____

2 und 3 Gegebenenfalls die Aufgaben mit Zehnerstangen nachlegen.
4 und 5 Gegebenenfalls die Aufgaben mit Zehnerstangen nachlegen oder Geheimschrift zeichnen.

Zehner zu gemischten Zehnern addieren

1

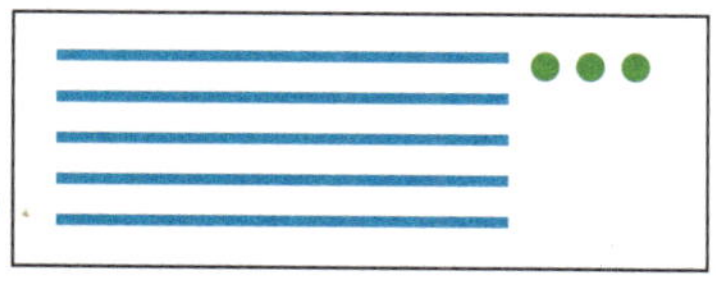

53 + 20 = ____

2

51 + 10 = ____

28 + 40 = ____

3

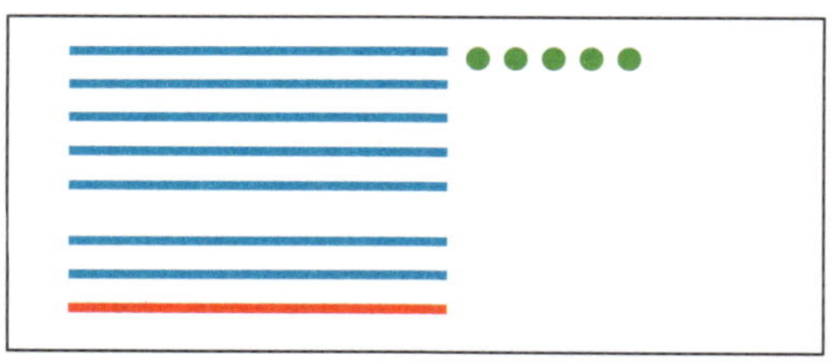

75 + ____ = ____

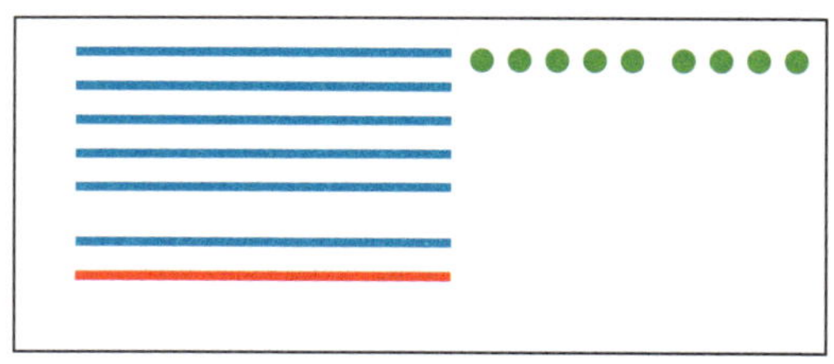

69 + ____ = ____

4

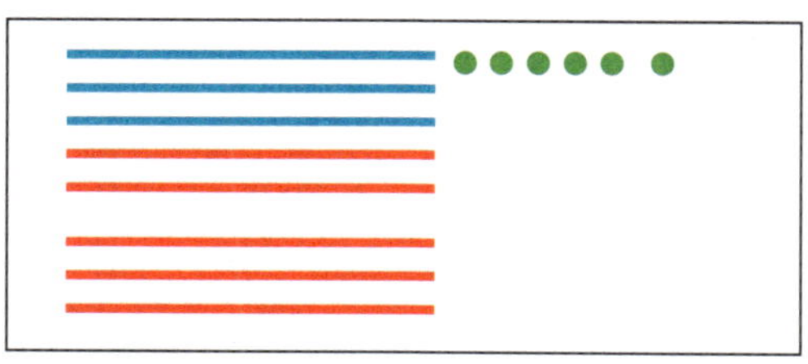

____ + ____ = ____

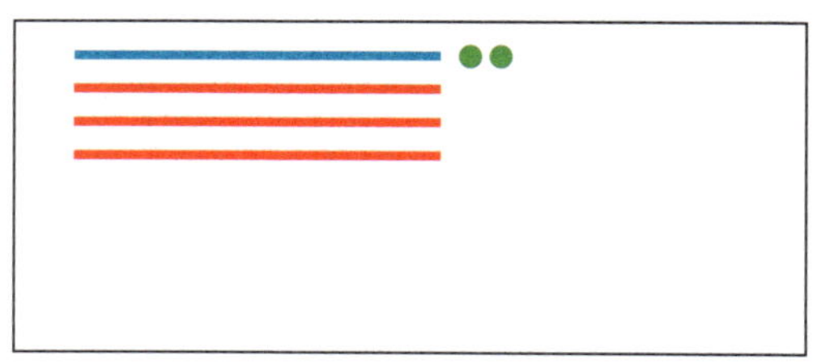

____ + ____ = ____

5

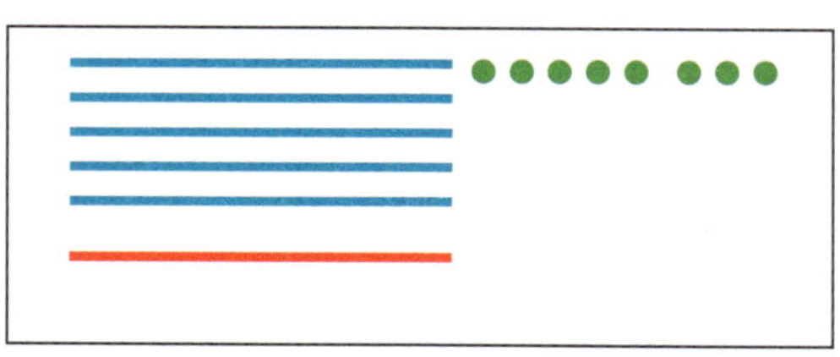

____ + ____ = ____

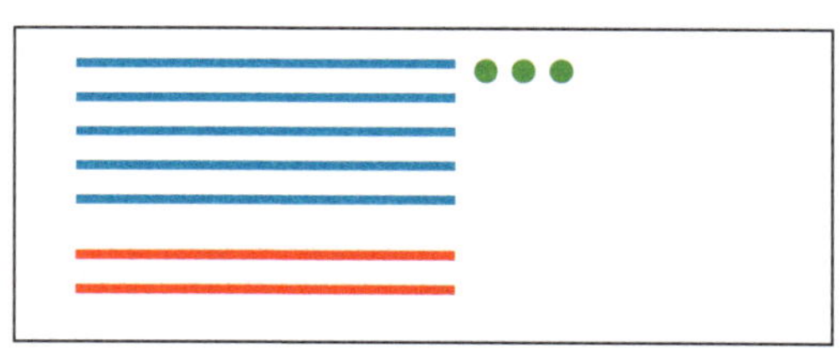

____ + ____ = ____

1 bis 5 Aufgaben mit Hilfe der Geheimschrift lösen.

Zehner zu gemischten Zehnern addieren

1

45 + 20 = ____

27 + 30 = ____

2

19 + 30 = ____

36 + 40 = ____

3

37 + 10 = ____

49 + 20 = ____

4

26 + 30 = ____

61 + 10 = ____

5

27 + 10 = ____	26 + 30 = ____	63 + 10 = ____
58 + 40 = ____	33 + 60 = ____	58 + 30 = ____
52 + 30 = ____	21 + 70 = ____	39 + 50 = ____
11 + 70 = ____	71 + 20 = ____	47 + 40 = ____

6

47 + 40 = ____	56 + 30 = ____	12 + 70 = ____
38 + 50 = ____	35 + 60 = ____	36 + 20 = ____
72 + 20 = ____	34 + 20 = ____	88 + 10 = ____
84 + 10 = ____	69 + 30 = ____	15 + 70 = ____

1 bis 4 Aufgabe in Geheimschrift zeichnen, dann Lösungen eintragen.
5 und 6 Aufgaben gegebenenfalls in Geheimschrift lösen.

1

38 + 10 = ____
38 + 20 = ____
38 + 30 = ____
38 + 40 = ____
38 + 50 = ____

17 + 20 = ____
17 + 30 = ____
17 + 40 = ____
17 + ____ = ____
17 + ____ = ____

42 + 10 = ____
42 + 20 = ____
42 + 30 = ____
42 + ____ = ____
42 + ____ = ____

2

53 + 40 = ____
43 + 40 = ____
33 + 40 = ____
23 + ____ = ____
13 + ____ = ____

66 + 30 = ____
56 + 30 = ____
46 + 30 = ____
36 + ____ = ____
____ + ____ = ____

49 + 50 = ____
39 + 50 = ____
29 + 50 = ____
____ + ____ = ____
____ + ____ = ____

3

17 + 40 = ____
27 + 40 = ____
37 + 40 = ____
47 + ____ = ____
57 + ____ = ____

31 + 20 = ____
41 + 20 = ____
51 + 20 = ____
61 + ____ = ____
____ + ____ = ____

5 + 30 = ____
15 + 30 = ____
25 + 30 = ____
____ + ____ = ____
____ + ____ = ____

4

12 + 80 = ____
22 + 70 = ____
32 + 60 = ____
42 + ____ = ____
52 + ____ = ____

48 + 50 = ____
58 + 40 = ____
68 + 30 = ____
78 + ____ = ____
____ + ____ = ____

24 + 70 = ____
34 + 60 = ____
44 + 50 = ____
____ + ____ = ____
____ + ____ = ____

1 bis 4 Aufgabenfolgen fortsetzen.

Wiederholung: Zehnerzahlen subtrahieren

1

40 – 20 = ____

2

60 – 10 = ____

90 – 40 = ____

70 – 30 = ____

3

30 – 20 = ____

80 – 60 = ____

50 – 50 = ____

4

40 – 10 = ____ 80 – 40 = ____ 90 – 60 = ____

60 – 50 = ____ 70 – 20 = ____ 20 – 20 = ____

20 – 10 = ____ 30 – 10 = ____ 70 – 10 = ____

5

70 – 60 = ____ 80 – 50 = ____ 50 – 10 = ____

30 – 30 = ____ 70 – 40 = ____ 40 – 30 = ____

80 – 70 = ____ 40 – 20 = ____ 90 – 50 = ____

2 und 3 Gegebenenfalls die Aufgaben mit Zehnerstangen nachlegen.
4 und 5 Gegebenenfalls die Aufgaben mit Zehnerstangen nachlegen oder Geheimschrift zeichnen.

Zehner von gemischten Zehnern subtrahieren

83 – 50 = ____

1

72 – 10 = ____

55 – 20 = ____

2

47 – ____ = ____

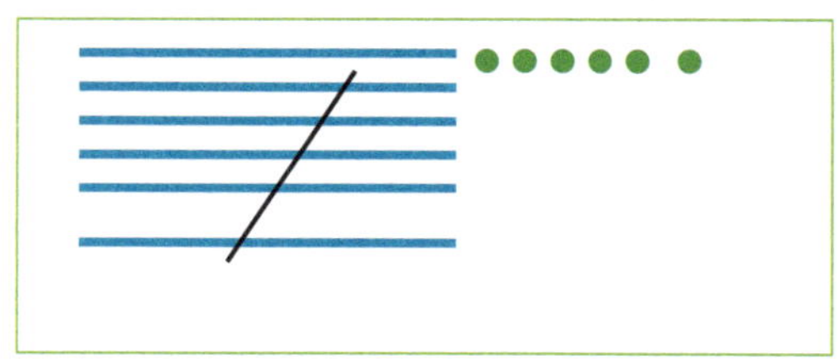

66 – ____ = ____

3

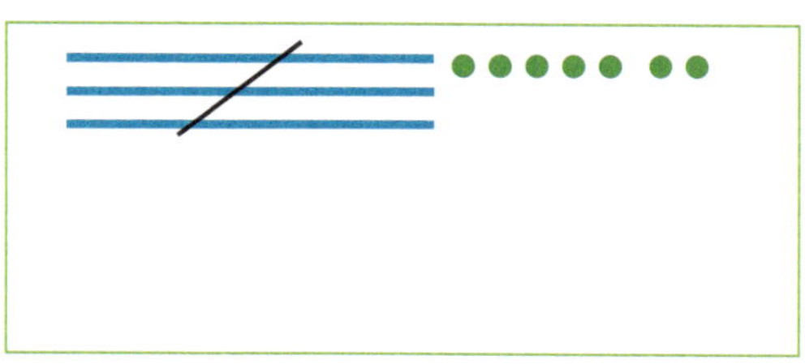

____ – ____ = ____

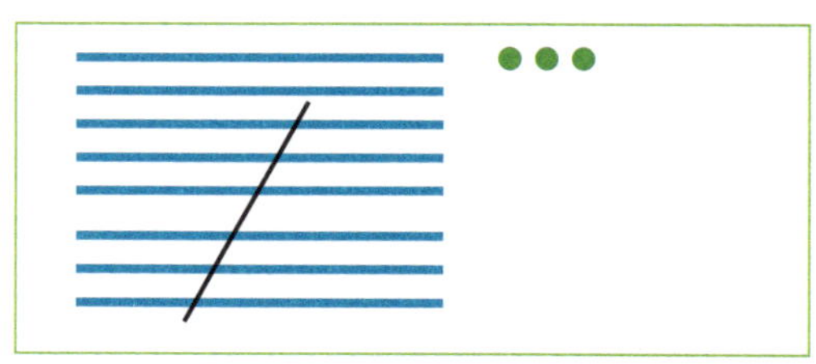

____ – ____ = ____

4

____ – ____ = ____

____ – ____ = ____

1 bis 4 Aufgaben mit Hilfe der Geheimschrift lösen.

Zehner von gemischten Zehnern subtrahieren

1

45 – 20 = ____

57 – 30 = ____

2

59 – 30 = ____

66 – 40 = ____

3

37 – 10 = ____

49 – 20 = ____

4

71 – 10 = ____

88 – 20 = ____

5

85 – 20 = ____	41 – 30 = ____	67 – 40 = ____
75 – 20 = ____	31 – 30 = ____	57 – 40 = ____
35 – 20 = ____	71 – 30 = ____	97 – 40 = ____

6

82 – 50 = ____	43 – 30 = ____	59 – 40 = ____
77 – 40 = ____	56 – 20 = ____	87 – 60 = ____
96 – 70 = ____	34 – 30 = ____	68 – 50 = ____

4 13 18 19 23 26 27 32 36 37

1 bis 4 Aufgabe in Geheimschrift zeichnen, dann Lösungen eintragen.
5 und 6 Aufgaben gegebenenfalls in Geheimschrift lösen. 6 Eine blaue Lösungszahl bleibt übrig.

1

95 – 10 = ___
95 – 20 = ___
95 – 30 = ___
95 – 40 = ___
95 – 50 = ___

63 – 10 = ___
63 – 20 = ___
63 – 30 = ___
63 – ___ = ___
63 – ___ = ___

82 – 30 = ___
82 – 40 = ___
82 – 50 = ___
82 – ___ = ___
___ – ___ = ___

2

73 – 60 = ___
73 – 50 = ___
73 – 40 = ___
73 – ___ = ___
___ – ___ = ___

89 – 70 = ___
89 – 60 = ___
89 – 50 = ___
89 – ___ = ___
___ – ___ = ___

96 – 60 = ___
96 – 50 = ___
96 – 40 = ___
___ – ___ = ___
___ – ___ = ___

3

67 – 10 = ___
57 – 10 = ___
47 – 10 = ___
37 – ___ = ___
___ – ___ = ___

81 – 30 = ___
71 – 30 = ___
61 – 30 = ___
51 – ___ = ___
___ – ___ = ___

74 – 20 = ___
64 – 20 = ___
54 – 20 = ___
___ – ___ = ___
___ – ___ = ___

4

48 – 30 = ___
58 – 30 = ___
68 – 30 = ___
78 – ___ = ___
___ – ___ = ___

36 – 20 = ___
46 – 20 = ___
56 – 20 = ___
66 – ___ = ___
___ – ___ = ___

13 – 10 = ___
23 – 10 = ___
33 – 10 = ___
___ – ___ = ___
___ – ___ = ___

1 bis 4 Aufgabenfolgen fortsetzen.

Gemischte Zehner subtrahieren

1

5	2	–	2	2	=		

5	2	–	2	2	=		
5	2	–	2	0	=	3	2

5	2	–	2	2	=	3	0
5	2	–	2	0	=	3	2
3	2	–		2	=	3	0

2

7	5	–	2	5	=		
7	5	–	2	0	=	5	5
5	5	–		5	=		

7	7	–	3	7	=		
7	7	–	3	0	=		

3

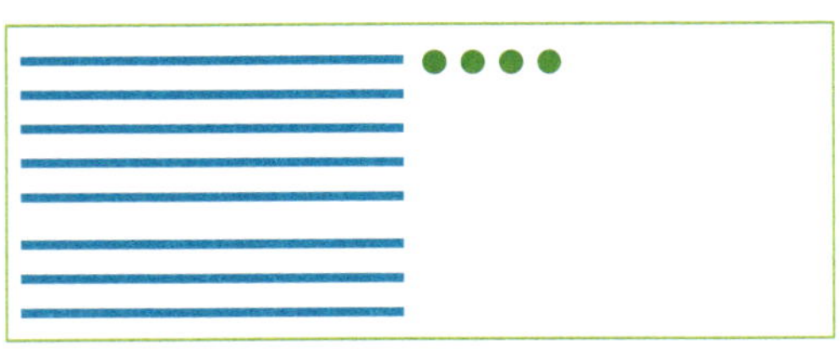

8	4	–	3	4	=		
8	4	–					

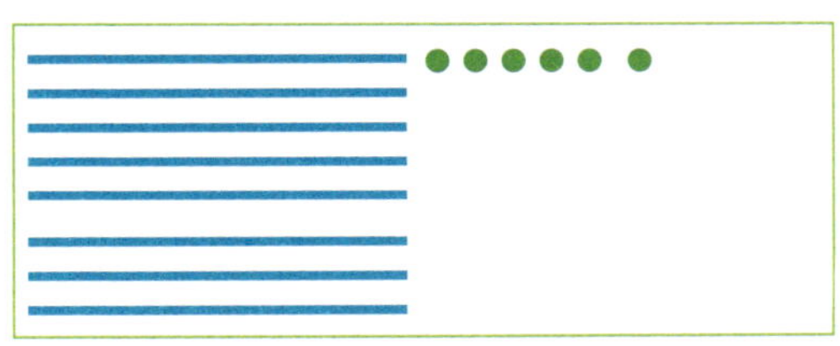

8	6	–	4	6	=		

4

6	3	–	2	3	=		

5	5	–	2	5	=		

1 Erzählen, wie Zahlix schrittweise subtrahiert. Gegebenenfalls mit Zehnerstangen und Einerwürfeln nachlegen und Handlung in Schritten nachvollziehen. 2 bis 4 Aufgaben mit der Geheimschrift lösen. Rechenschritte aufschreiben.

Gemischte Zehner subtrahieren

1

42 – 22 =
42

54 – 34 =

2

63 – 33 =

76 – 46 =

3

65 – 35 =
65 – 30 =

67 – 37 =
67 –

66 – 36 =

4

82 – 42 =

85 – 35 =

89 – 29 =

5

23 – 13 =

58 – 28 =

93 – 43 =

6

44 – 34 = ____	57 – 57 = ____	75 – 35 = ____
83 – 53 = ____	92 – 22 = ____	81 – 21 = ____
76 – 26 = ____	68 – 48 = ____	98 – 18 = ____

0 10 20 30 40 50 60 70 80 90

1 und 2 Zu Aufgaben die Geheimschrift zeichnen, dann Lösung aufschreiben.
3 bis 5 Aufgaben gegebenenfalls mit Geheimschrift lösen. 6 Eine blaue Lösungszahl bleibt übrig.

Aufgabe und Tauschaufgabe

2	0	+	4	5	=		
4	5	+	2	0	=	6	5

1

1	0	+	2	6	=		
2	6	+			=		

1	0	+	5	4	=		
5	4	+			=		

2

2	0	+	6	5	=		
6	5	+			=		

2	0	+	7	2	=		
7	2	+			=		

3

1	0	+	2	1	=		
		+			=		

3	0	+	4	4	=		
		+			=		

4

2	0	+	4	6	=		
		+			=		

1	0	+	7	4	=		
		+			=		

5

3	0	+	5	1	=		
		+			=		

2	0	+	7	5	=		
		+			=		

6

1	0	+	2	9	=		
		+			=		

3	0	+	6	8	=		
		+			=		

7

1	0	+	3	3	=		
		+			=		

5	0	+	1	7	=		
		+			=		

1 bis 7 Tauschaufgabe und Ergebnis aufschreiben.

1

35 + 20 = ___
20 + 35 = ___
55 − 20 = ___
55 − 35 = ___

2

20 + 63 = ___
63 + 20 = ___
83 − 63 = ___
83 − 20 = ___

3

34 + 50 = ___
50 + 34 = ___
84 − 50 = ___
84 − 34 = ___

4

42 + 40 = ___
40 + ___ = ___
___ − ___ = ___
___ − ___ = ___

5

___ + ___ = ___
___ + ___ = ___
___ − ___ = ___
___ − ___ = ___

6

___ + ___ = ___
___ + ___ = ___
___ − ___ = ___
___ − ___ = ___

7

50 + 37 = ___
___ + ___ = ___
___ − ___ = ___
___ − ___ = ___

8

___ + ___ = ___
___ + ___ = ___
___ − ___ = ___
___ − ___ = ___

9

___ + ___ = ___
___ + ___ = ___
___ − ___ = ___
___ − ___ = ___

1 bis 9 Vier verwandte Aufgaben schreiben.

Einer von Zehnerzahlen subtrahieren

1

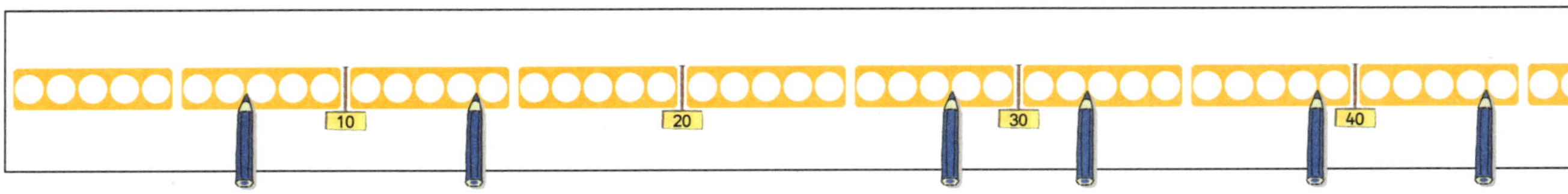

7 ___ ___ ___ ___ ___

2

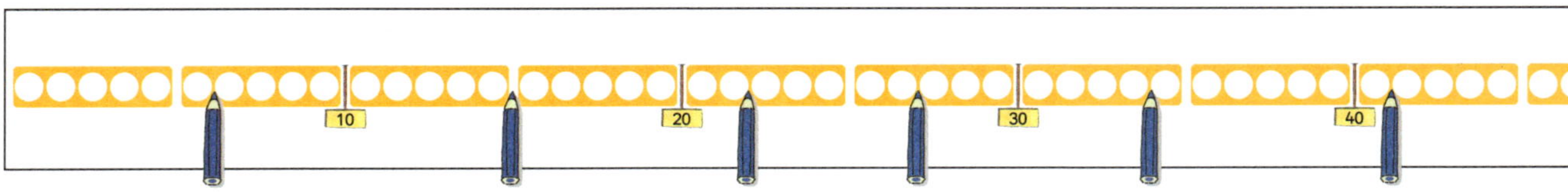

___ ___ ___ ___ ___ ___

3 Zeichne Stifte für die Zahlen: 2, 12, 22, 31, 44, 56, 66, 74, 84, 97

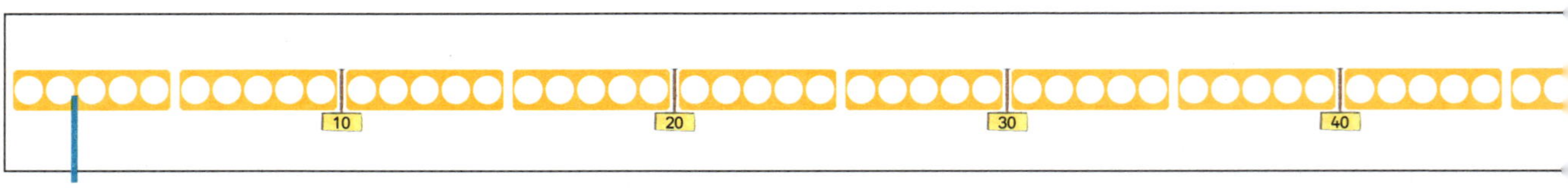

4 Zeichne Stifte für die Zahlen: 6, 16, 26, 34, 41, 54, 64, 76, 81, 98

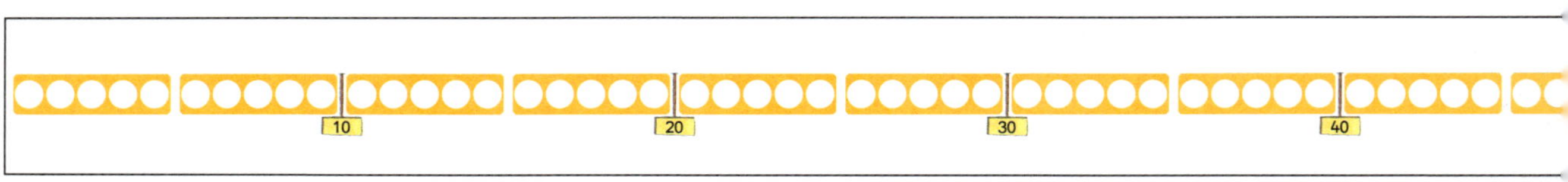

5

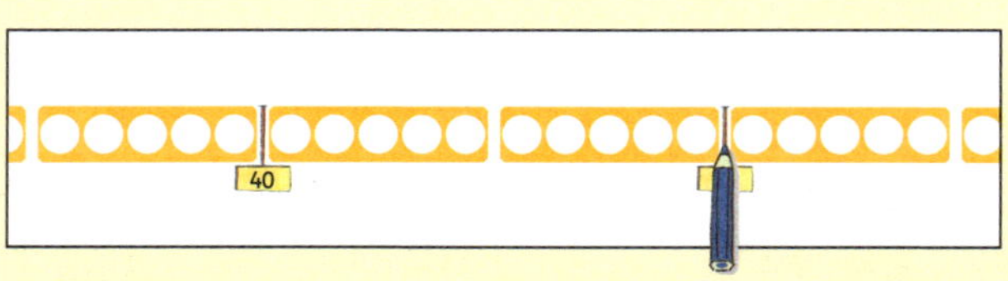

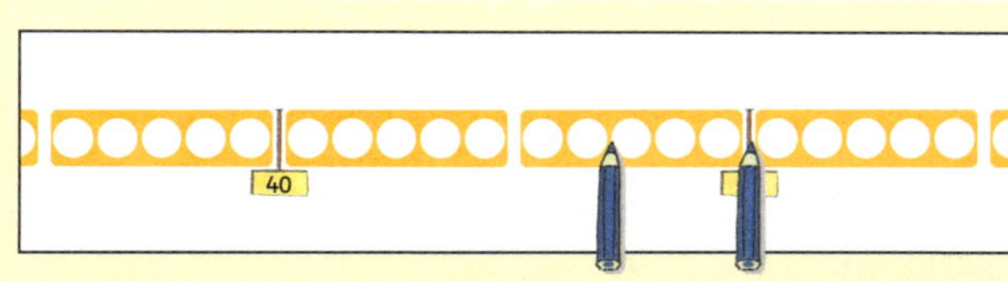

Zuerst 50, dann minus 3: 50 − 3 = ___

6

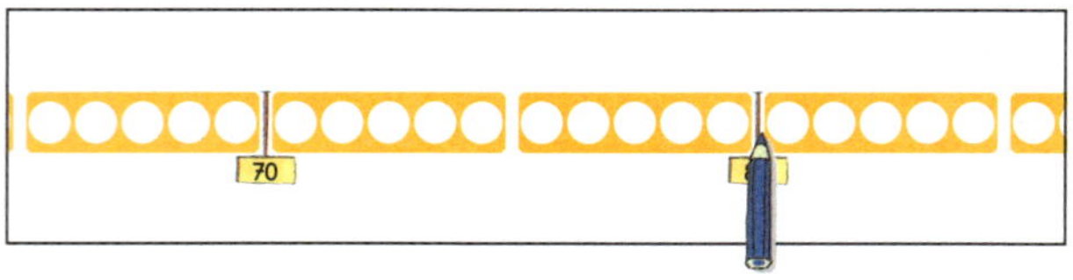

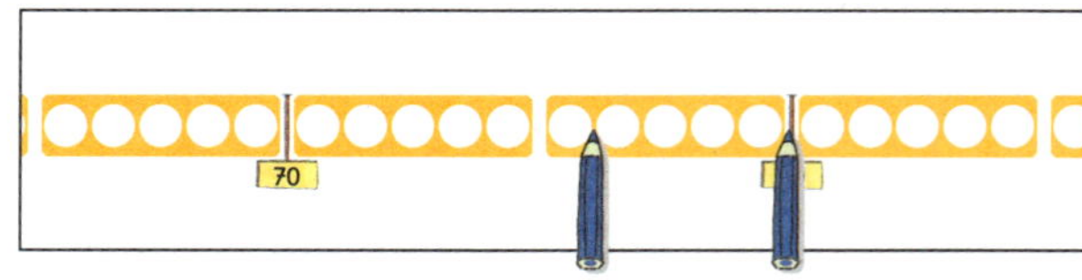

Zuerst ___, dann minus 4: ___

7

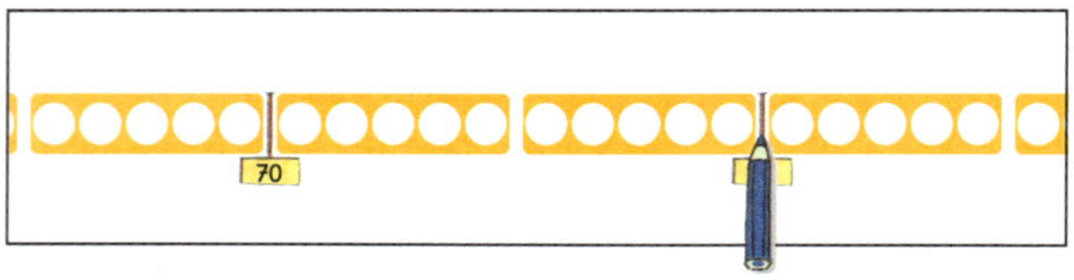

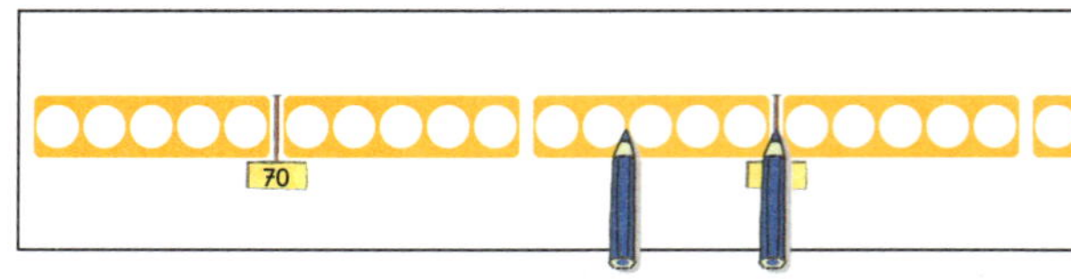

Zuerst ___, dann minus 3: ___

1 und 2 Welche Zahl wird gezeigt? Zahl aufschreiben. 3 und 4 Stifte zeichnen.
5 bis 7 Handlung nachvollziehen. Minus-Aufgabe ablesen, aufschreiben und lösen.

Einer von Zehnerzahlen subtrahieren

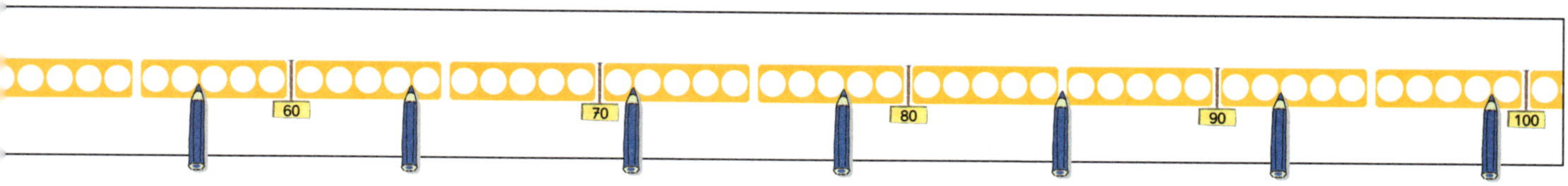

___ ___ ___ ___ ___ ___ ___

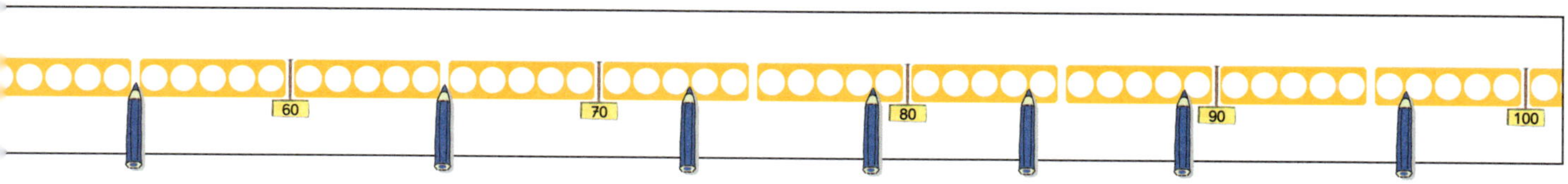

___ ___ ___ ___ ___ ___ ___

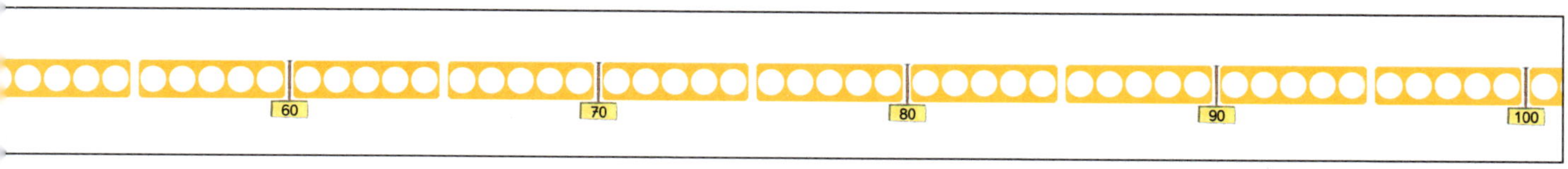

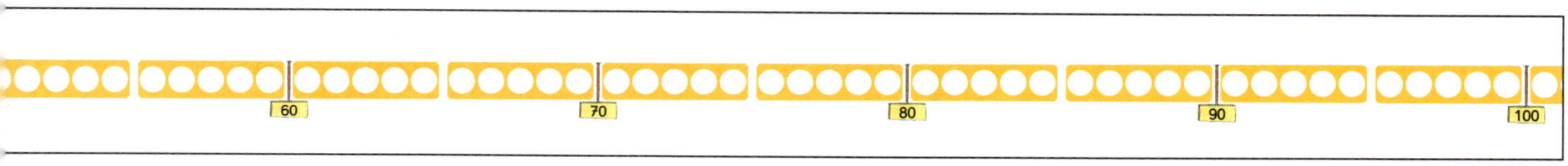

8

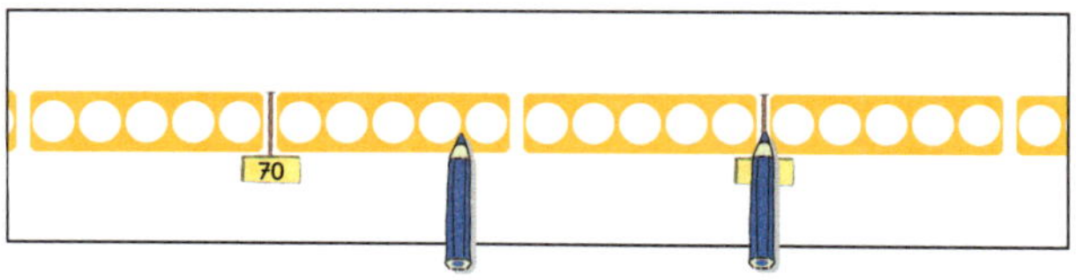

80 – 6 = ___

9

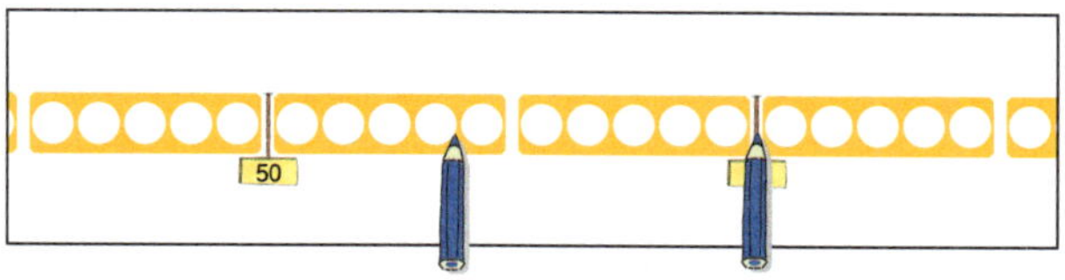

___ – ___ = ___

10

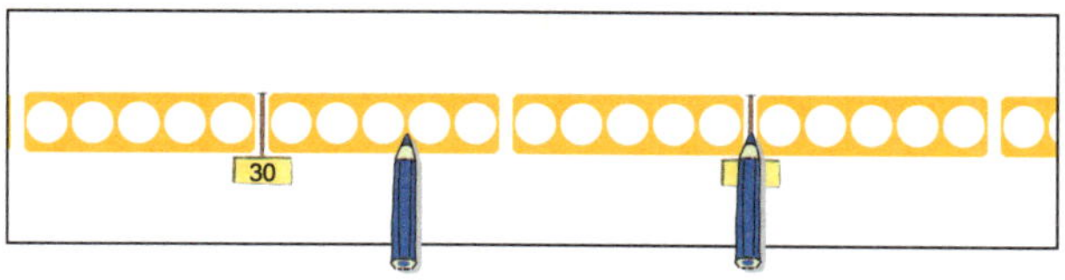

___ – ___ = ___

11

50 – 3 = ___	90 – 4 = ___	70 – 5 = ___
50 – 7 = ___	90 – 2 = ___	70 – 3 = ___
50 – 1 = ___	90 – 6 = ___	70 – 9 = ___

43 47 49 61 62 65 67 84 86 88

8 bis 10 Handlung nachvollziehen. Minus-Aufgabe ablesen, aufschreiben und lösen. 11 Aufgaben eventuell mit zwei Stiften an der Beilage „Rechenschiffe“ zeigen. Eine blaue Lösungszahl bleibt übrig.

Wiederholung: Zum Zehner hin

1

36 + ____ = 40

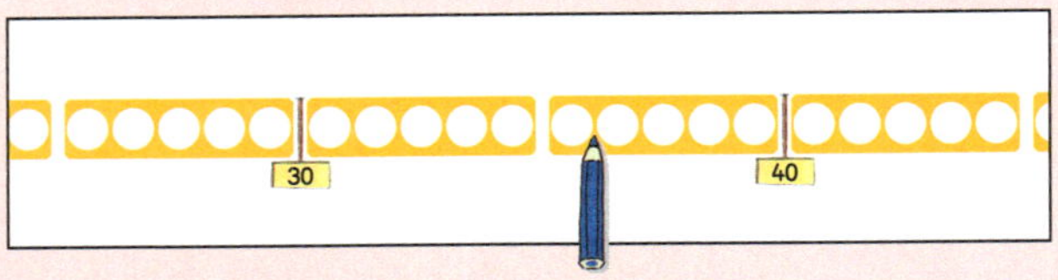

Zuerst 36, dann weiter bis 40.

2

34 + ____ = 40

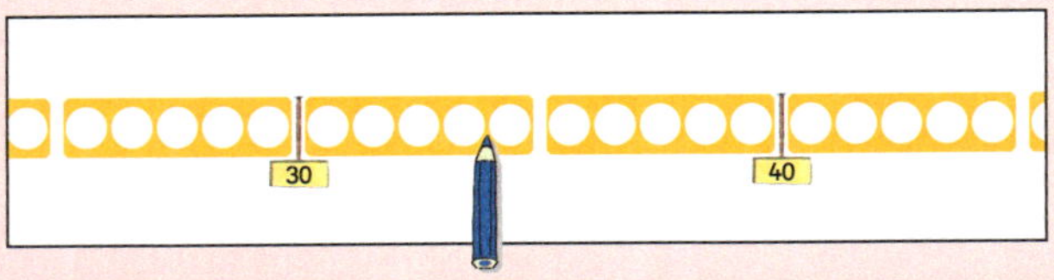

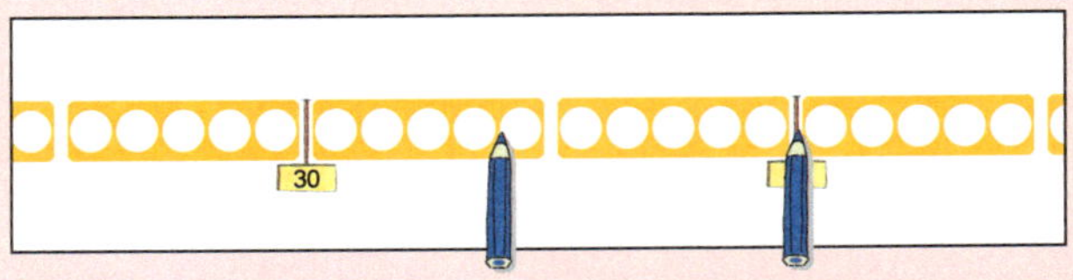

Zuerst 34, dann weiter bis 40.

3

37 + ____ = 40	35 + ____ = 40	39 + ____ = 40
38 + ____ = 40	34 + ____ = 40	33 + ____ = 40

4

36 + ____ = 40	27 + ____ = 30	55 + ____ = 60
46 + ____ = 50	57 + ____ = 60	75 + ____ = 80
56 + ____ = 60	87 + ____ = 90	85 + ____ = 90

5

21 + ____ = 30	49 + ____ = 50	66 + ____ = 70
58 + ____ = 60	64 + ____ = 70	84 + ____ = 90
73 + ____ = 80	82 + ____ = 90	25 + ____ = 30

6

5	
2	
4	
1	
3	

4	
3	
1	
2	

3	
1	
2	

2	
1	

1 und 2 Erzählen, wie mit den Schiffen an der Beilage ergänzt wird. Handlung nachvollziehen.
3 bis 5 Mit zwei Stiften an der Beilage „Rechenschiffe" die Aufgabe zeigen. 6 Zerlegungszahlen aufschreiben.

1

50 + 7 = ____

Zuerst 50, dann 7 weiter.

2

50 + 3 = ____ 50 + 8 = ____ 50 + 2 = ____

50 + 6 = ____ 50 + 1 = ____ 50 + 5 = ____

50 + 4 = ____ 50 + 9 = ____ 50 + 7 = ____

3

60 + 7 = ____ 40 + 6 = ____ 30 + 4 = ____

80 + 7 = ____ 90 + 6 = ____ 50 + 4 = ____

4

70 + 3 = ____ 60 + 5 = ____ 80 + 6 = ____

50 + 8 = ____ 20 + 7 = ____ 40 + 9 = ____

27 37 49 58 65 73 86

5

9	
4	5
1	
8	
3	
6	
2	
7	
5	

8	
2	
6	
3	
5	
7	
1	
4	

7	
4	
3	
1	
6	
5	
2	

6	
5	
1	
4	
3	
2	

1 Handlung nachvollziehen und Aufgabe lösen. 2 bis 4 Mit zwei Stiften an der Beilage „Rechenschiffe" die Aufgaben zeigen und lösen. 4 Eine blaue Lösungszahl bleibt übrig. 5 Zerlegungen aufschreiben.

Plus-Aufgaben mit Zehnerübergang

1

18 + 5

1	8	+	5	=		

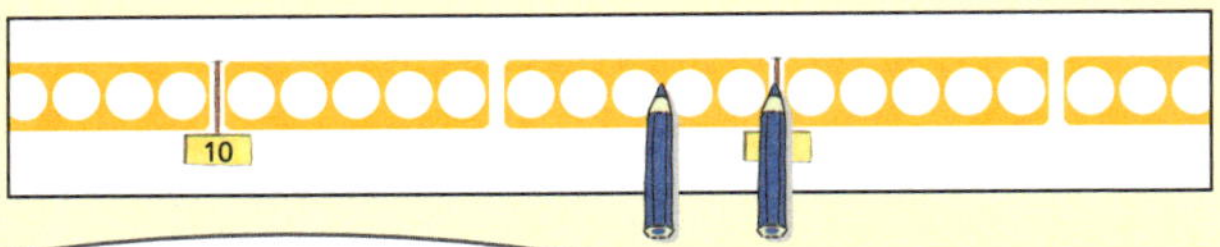

Erst 2 dazu bis 20,

1	8	+	5	=		
1	8	+	2	=	2	0

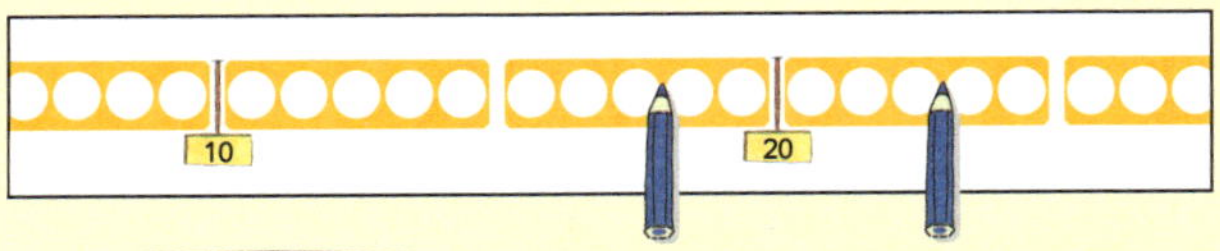

dann noch 3 dazu.

1	8	+	5	=	2	3
1	8	+	2	=	2	0
2	0	+	3	=	2	3

2

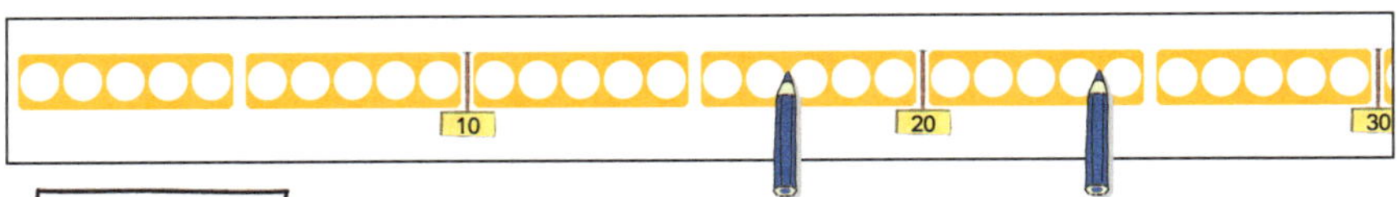

17 + 7

1	7	+	7	=		
1	7	+		=	2	0
2	0	+		=		

Erst ____ dazu bis 20, dann noch ____ dazu.

3

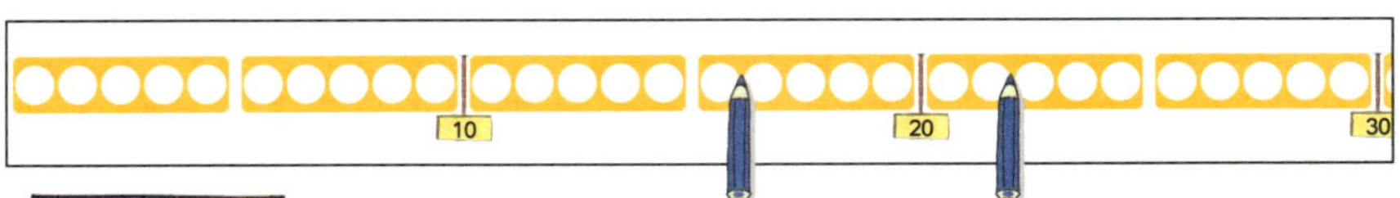

16 + 6

1	6	+	6	=		
1	6	+		=	2	0
2	0	+		=		

Erst ____ dazu bis 20, dann noch ____ dazu.

4

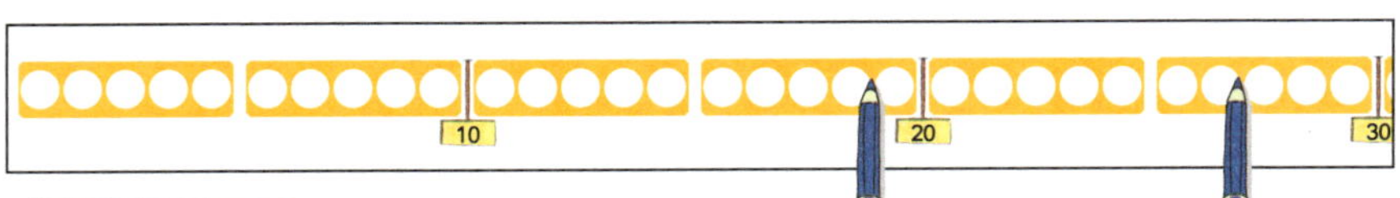

19 + 8

1	9	+	8	=		
1	9	+		=	2	0
2	0	+		=		

Erst ____ dazu bis 20, dann noch ____ dazu.

5

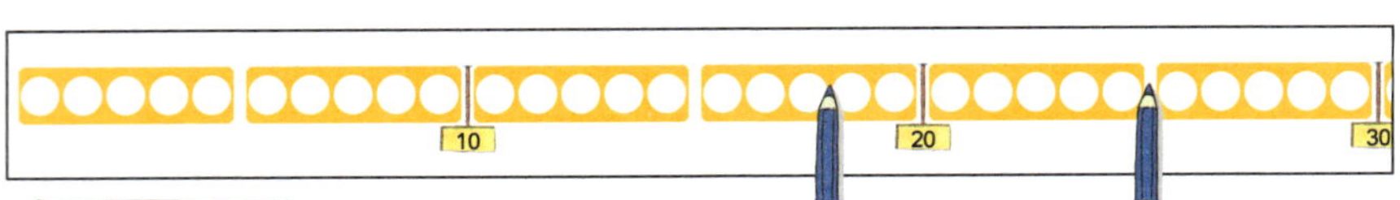

18 + 7

1	8	+	7	=		
1	8	+		=	2	0
2	0	+		=		

Erst ____ dazu bis 20, dann noch ____ dazu.

1

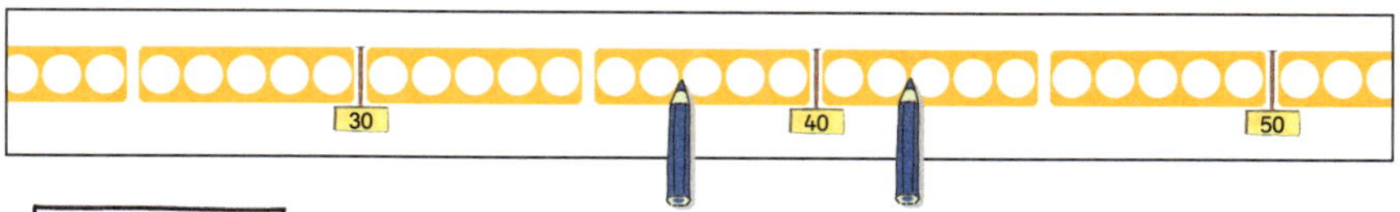

3	7	+	5	=		
3	7	+		=	4	0
4	0	+		=		

37 + 5

Erst ____ dazu bis 40, dann noch ____ dazu.

2

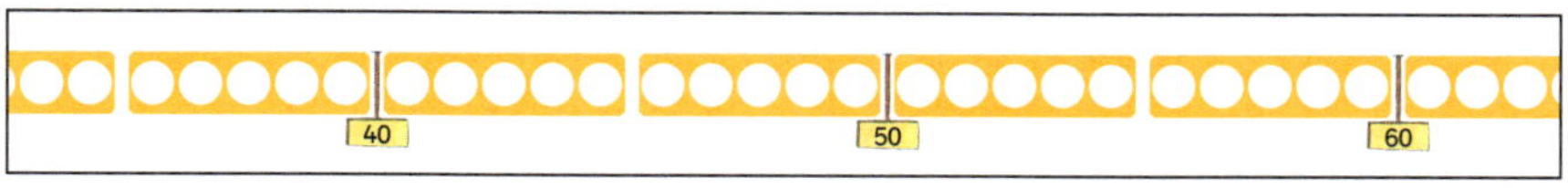

4	7	+	5	=		
4	7	+		=	5	0
		+		=		

47 + 5

Erst ____ dazu bis 50, dann noch ____ dazu.

3

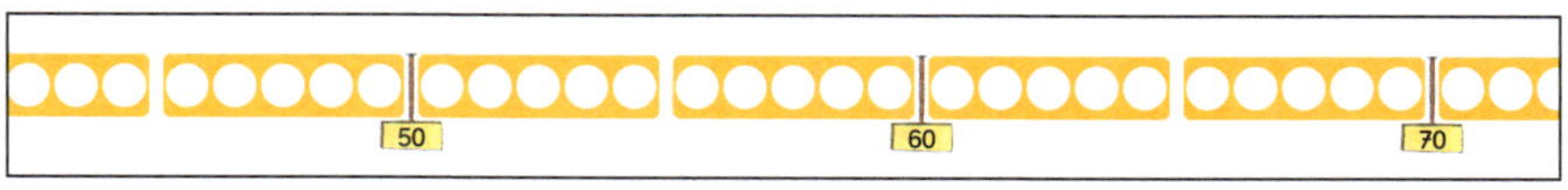

5	8	+	7	=		
5	8	+		=	6	0
		+		=		

58 + 7

Erst ____ dazu bis 60, dann noch ____ dazu.

4

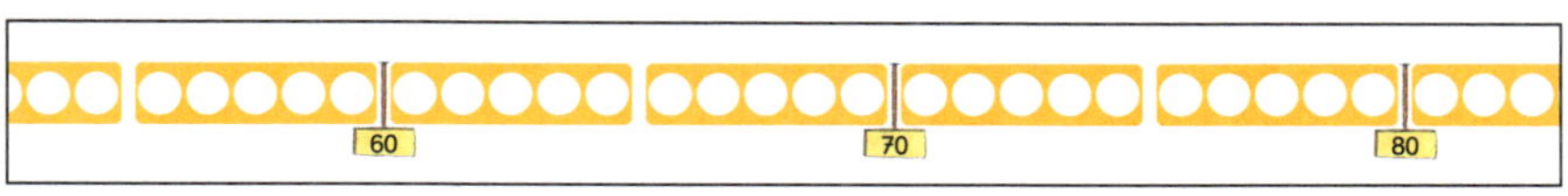

6	8	+	7	=		
6	8	+		=	7	0
		+		=		

68 + 7

Erst ____ dazu bis ____, dann noch ____ dazu.

5

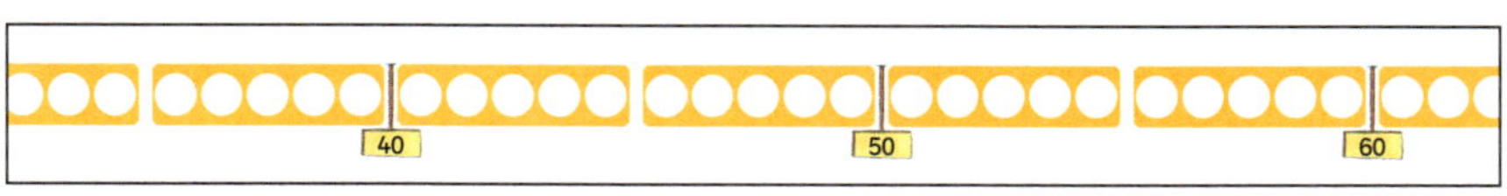

4	9	+	5	=		
4	9	+		=	5	0
		+		=		

49 + 5

Erst ____ dazu bis ____, dann noch ____ dazu.

6

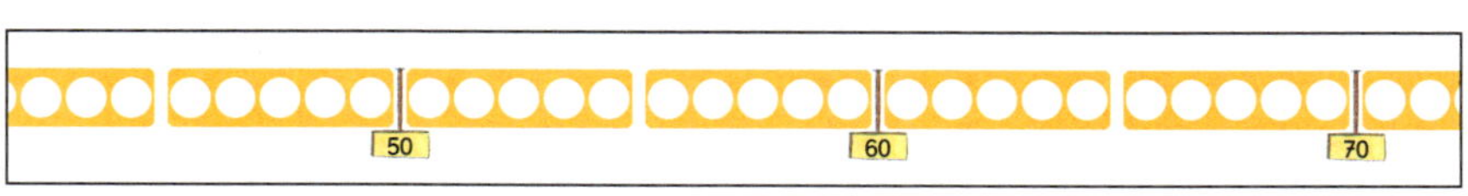

5	6	+	7	=		
5	6	+		=	6	0
		+		=		

56 + 7

Erst ____ dazu bis ____, dann noch ____ dazu.

2 bis 6 Erst Stifte einzeichnen, dann Aufgabe lösen.

Schrittweises Addieren

1

48 + 6 =
48 + = 50
50 + =

36 + 6 =
36 + =
+ =

	6
5	1
4	2
3	3
2	4
1	5

2

55 + 6 =
55 + =
+ =

88 + 6 =
88 + =
+ =

3

79 + 6 =
79 + =
+ =

17 + 6 =
17 + =
+ =

46 + 6 =
46 + =
+ =

4

57 + 7 =
57 + =
+ =

68 + 7 =
68 + =
+ =

	7
6	1
5	2
4	3
3	4
2	5
1	6

5

46 + 7 =
46 + =
+ =

25 + 7 =
25 + =
+ =

6

75 + 7 =
75 + =
+ =

39 + 7 =
39 + =
+ =

48 + 7 =
48 + =
+ =

7

66 + 6 =
66 + =
+ =

74 + 7 =
74 + =
+ =

89 + 7 =
89 + =
+ =

1 bis 7 Aufgabe in zwei Schritten schreiben und lösen. Der „Zahlenturm“ dient als Hilfe beim schrittweisen Lösen.

1

3	8	+	8	=		
3	8	+		=		
		+		=		

6	7	+	8	=		
6	7	+		=		
		+		=		

8	
7	1
6	2
5	3
4	4
3	5
2	6
1	7

2

7	9	+	8	=		
7	9	+		=		
		+		=		

2	3	+	8	=		
2	3	+		=		
		+		=		

3

8	4	+	8	=		
8	4	+		=		
		+		=		

5	5	+	8	=		
5	5	+		=		
		+		=		

3	6	+	8	=		
3	6	+		=		
		+		=		

4

7	2	+	9	=		
7	2	+		=		
		+		=		

4	7	+	9	=		
4	7	+		=		
		+		=		

9	
8	1
7	2
6	3
5	4
4	5
3	6
2	7
1	8

5

6	8	+	9	=		
6	8	+		=		
		+		=		

5	2	+	9	=		
5	2	+		=		
		+		=		

6

3	5	+	9	=		
3	5	+		=		
		+		=		

7	4	+	9	=		
7	4	+		=		
		+		=		

1	6	+	9	=		
1	6	+		=		
		+		=		

7

6	4	+	9	=		
6	4	+		=		
		+		=		

3	8	+	8	=		
3	8	+		=		
		+		=		

2	7	+	9	=		
2	7	+		=		
		+		=		

1 bis 7 Aufgabe in zwei Schritten schreiben und lösen. Der „Zahlenturm“ dient als Hilfe beim schrittweisen Lösen.

Zehnerübergang beim Addieren erkennen

36 + 2 = 38 ☐
36 + 8 = 44 ☒
36 + 6 = 42 ☒

3	6	+	8	=	4	4
3	6	+	4	=	4	0
4	0	+	4	=	4	4

3	6	+	6	=	4	2
3	6	+	4	=	4	0
4	0	+	2	=	4	2

1
48 + 7 = ______ ☒
48 + 1 = ______ ☐
48 + 4 = ______ ☐

4	8	+	7	=		
		+		=		
		+		=		

		+		=		
		+		=		
		+		=		

2
61 + 6 = ______ ☐
67 + 6 = ______ ☐
65 + 6 = ______ ☐

		+		=		
		+		=		
		+		=		

		+		=		
		+		=		
		+		=		

3
74 + 8 = ______ ☐
78 + 5 = ______ ☐
76 + 2 = ______ ☐

		+		=		
		+		=		
		+		=		

		+		=		
		+		=		
		+		=		

4
23 + 2 = ______ ☐
28 + 9 = ______ ☐
27 + 7 = ______ ☐

		+		=		
		+		=		
		+		=		

		+		=		
		+		=		
		+		=		

5
86 + 7 = ______ ☐
86 + 8 = ______ ☐
86 + 3 = ______ ☐

		+		=		
		+		=		
		+		=		

		+		=		
		+		=		
		+		=		

6
59 + 7 = ______ ☐
55 + 3 = ______ ☐
54 + 9 = ______ ☐

		+		=		
		+		=		
		+		=		

		+		=		
		+		=		
		+		=		

1 bis 6 Welche Aufgaben gehen über den Zehner? Aufgaben ankreuzen, dann alle Aufgaben rechnen.

1

28 + 5 = ____
79 + 6 = ____
35 + 7 = ____
68 + 9 = ____

30 – 3 = ____
90 – 6 = ____
60 – 2 = ____
50 – 5 = ____

2

23 + 50 = ____
74 + 20 = ____
38 + 30 = ____
52 + 40 = ____

52 – 20 = ____
71 – 40 = ____
64 – 20 = ____
93 – 50 = ____

3

45 + 5 = ____
76 + 6 = ____
55 + 8 = ____
37 + 3 = ____

60 – 3 = ____
90 – 3 = ____
80 – 3 = ____
76 – 6 = ____

4

62 – 30 = ____
93 – 20 = ____
48 – 40 = ____
85 – 70 = ____

72 + 20 = ____
33 + 30 = ____
56 + 40 = ____
26 + 60 = ____

Immer zwei Raumschiffe sehen gleich aus.

Wiederholung: Zum Zehner hin – vom Zehner weg

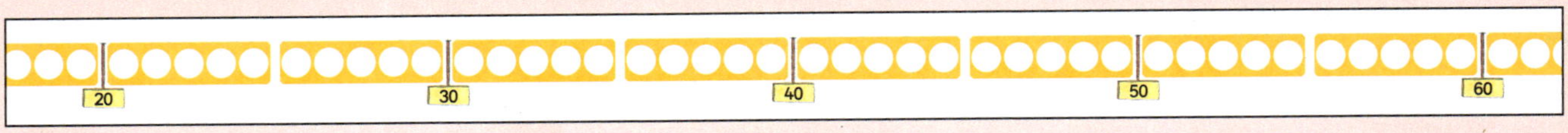

1	27 – 7 = 20	48 – ___ = 40	65 – ___ = 60
	25 – ___ = 20	41 – ___ = 40	68 – ___ = 60
	23 – ___ = 20	45 – ___ = 40	69 – ___ = 60
2	55 – ___ = 50	78 – ___ = ___	93 – ___ = ___
	57 – ___ = ___	76 – ___ = ___	94 – ___ = ___
	52 – ___ = ___	73 – ___ = ___	99 – ___ = ___
3	86 – ___ = 80	98 – ___ = ___	77 – ___ = ___
	46 – ___ = ___	68 – ___ = ___	47 – ___ = ___
	36 – ___ = ___	48 – ___ = ___	17 – ___ = ___
4	70 – 3 = ___	50 – 9 = ___	60 – 6 = ___
	70 – 5 = ___	50 – 7 = ___	60 – 2 = ___
	70 – 8 = ___	50 – 4 = ___	60 – 5 = ___
5	90 – 7 = ___	40 – 1 = ___	80 – 9 = ___
	90 – 4 = ___	40 – 8 = ___	80 – 5 = ___
	90 – 3 = ___	40 – 6 = ___	80 – 2 = ___
6	70 – 4 = ___	30 – 3 = ___	60 – 8 = ___
	80 – 3 = ___	90 – 6 = ___	20 – 5 = ___
	40 – 9 = ___	50 – 1 = ___	90 – 2 = ___

1 bis 3 Zahl an der Beilage zeigen, Nachbarzehner davor ablesen, Aufgabe lösen.
4 bis 6 Zehner zeigen, Stift entsprechend Aufgabe legen, Aufgabe lösen.

1

24 – 6

2	4	–	6	=		

2	4	–	6	=		
2	4	–	4	=	2	0

Erst 4 weg bis 20,

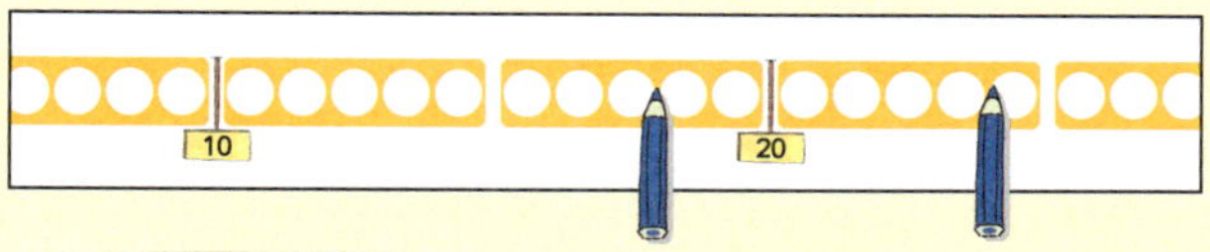

2	4	–	6	=		
2	4	–	4	=	2	0
2	0	–	2	=	1	8

dann noch 2 weg.

2

2	3	–	8	=		
2	3	–		=	2	0
2	0	–		=		

23 – 8

Erst ____ weg bis 20, dann noch ____ weg.

3

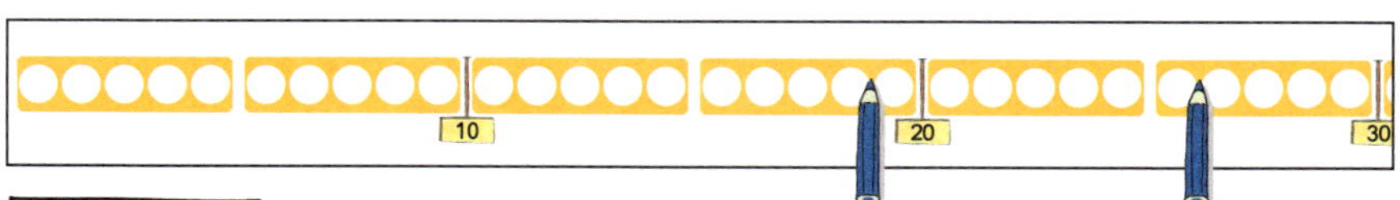

2	6	–	7	=		
2	6	–		=	2	0
2	0	–		=		

26 – 7

Erst ____ weg bis 20, dann noch ____ weg.

4

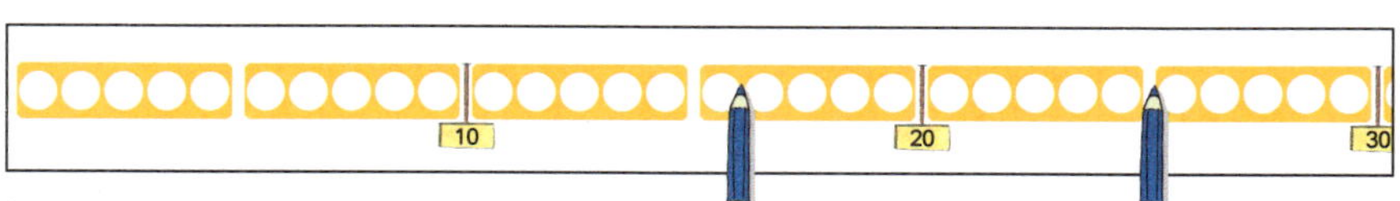

2	5	–	9	=		
2	5	–		=	2	0
2	0	–		=		

25 – 9

Erst ____ weg bis 20, dann noch ____ weg.

5

2	2	–	5	=		
2	2	–		=	2	0
2	0	–		=		

22 – 5

Erst ____ weg bis 20, dann noch ____ weg.

Minus-Aufgaben mit Zehnerübergang

1

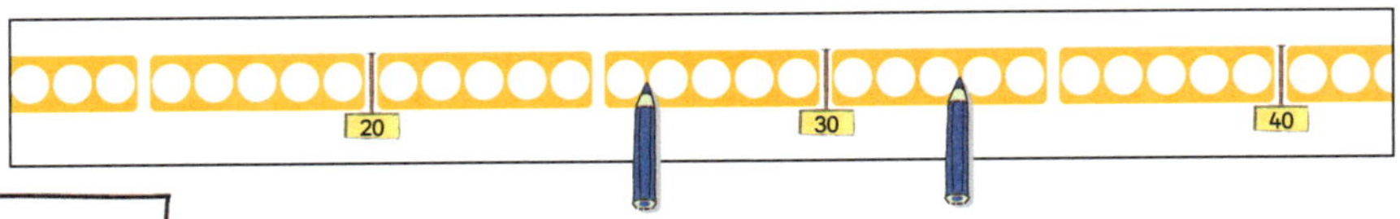

3	3	–	7	=		
3	3	–		=	3	0
3	0	–		=		

33 – 7

Erst ____ weg bis 30, dann noch ____ weg.

2

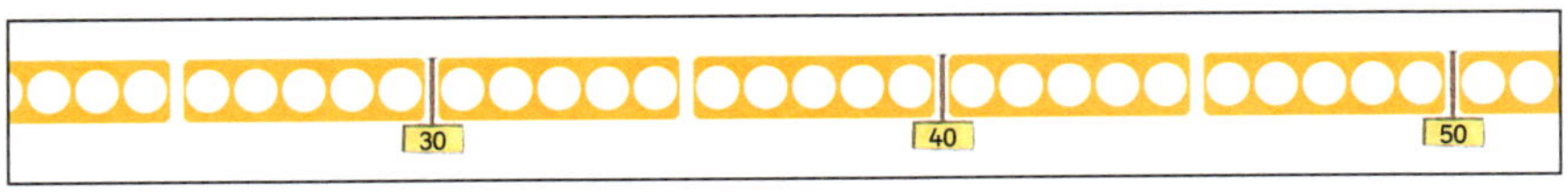

4	3	–	7	=		
4	3	–		=	4	0
4	0	–		=		

43 – 7

Erst ____ weg bis ____, dann noch ____ weg.

3

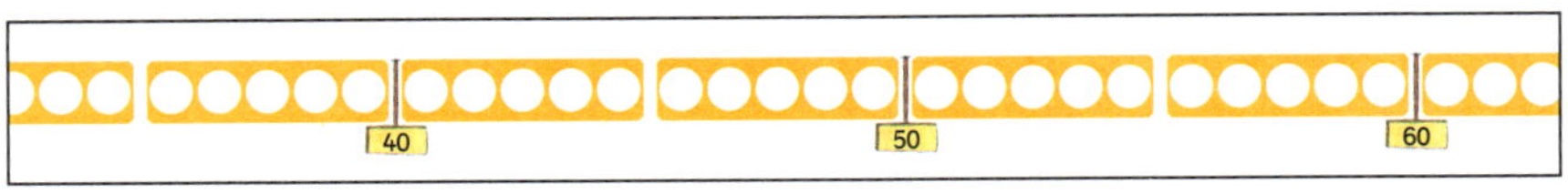

5	4	–	6	=		
5	4	–		=	5	0
5	0	–		=		

54 – 6

Erst ____ weg bis ____, dann noch ____ weg.

4

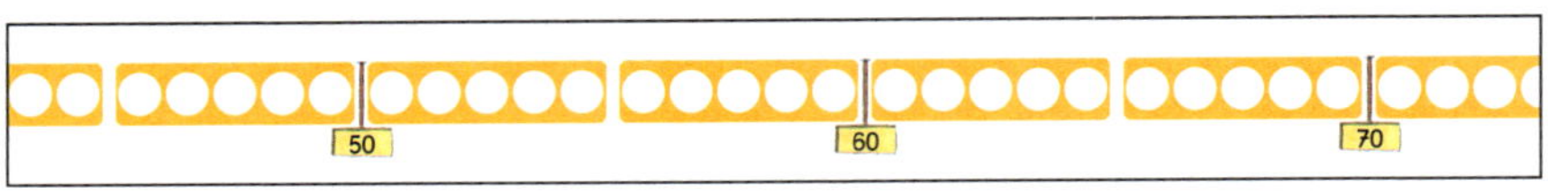

6	4	–	6	=		
6	4	–		=	6	0
6	0	–		=		

64 – 6

Erst ____ weg bis ____, dann noch ____ weg.

5

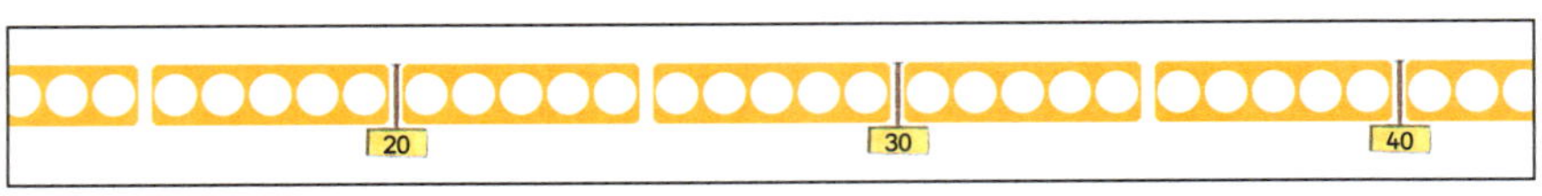

3	4	–	8	=		
3	4	–		=	3	0
3	0	–		=		

34 – 8

Erst ____ weg bis ____, dann noch ____ weg.

6

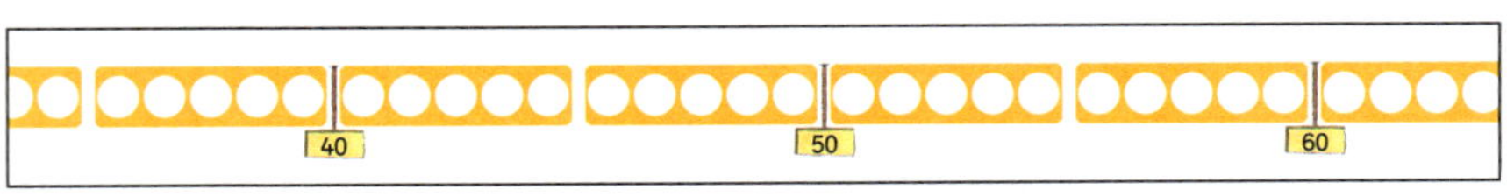

6	2	–	5	=		
6	2	–		=	6	0
6	0	–		=		

62 – 5

Erst ____ weg bis ____, dann noch ____ weg.

7

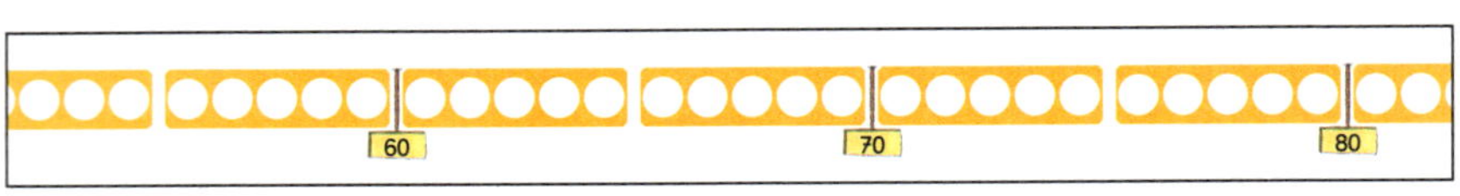

7	6	–	9	=		
7	6	–		=	7	0
7	0	–		=		

76 – 9

Erst ____ weg bis ____, dann noch ____ weg.

2 bis 7 Erst Stifte einzeichnen, dann Aufgabe lösen.

1

4	3	–	6	=			
4	3	–		=	4	0	
4	0	–		=			

7	4	–	6	=			
7	4	–		=			
		–		=			

6	
5	1
4	2
3	3
2	4
2	5

2

6	2	–	6	=		
6	2	–		=		
		–		=		

3	1	–	6	=		
3	1	–		=		
		–		=		

3

8	4	–	6	=		
8	4	–		=		
		–		=		

5	3	–	6	=		
5	3	–		=		
		–		=		

6	5	–	6	=		
6	5	–		=		
		–		=		

4

4	6	–	7	=		
4	6	–		=		
		–		=		

6	1	–	7	=		
6	1	–		=		
		–		=		

7	
6	1
5	2
4	3
3	4
2	5
1	6

5

8	5	–	7	=		
8	5	–		=		
		–		=		

7	6	–	7	=		
7	6	–		=		
		–		=		

6

4	3	–	7	=		
4	3	–		=		
		–		=		

9	2	–	7	=		
9	2	–		=		
		–		=		

3	4	–	7	=		
3	4	–		=		
		–		=		

7

7	1	–	6	=		
7	1	–		=		
		–		=		

3	5	–	7	=		
3	5	–		=		
		–		=		

8	2	–	6	=		
8	2	–		=		
		–		=		

1 bis 7 Aufgabe in zwei Schritten schreiben und lösen. Der „Zahlenturm“ dient als Hilfe beim schrittweisen Lösen.

Schrittweises Subtrahieren

1

4	7	–	8	=		
4	7	–		=		
		–		=		

7	5	–	8	=		
7	5	–		=		
		–		=		

8	
7	1
6	2
5	3
4	4
3	5
2	6
1	7

2

6	2	–	8	=		
6	2	–		=		
		–		=		

5	6	–	8	=		
5	6	–		=		
		–		=		

3

8	6	–	8	=		
8	6	–		=		
		–		=		

4	1	–	8	=		
4	1	–		=		
		–		=		

7	3	–	8	=		
7	3	–		=		
		–		=		

4

6	4	–	9	=		
6	4	–		=		
		–		=		

9	2	–	9	=		
9	2	–		=		
		–		=		

9	
8	1
7	2
6	3
5	4
4	5
3	6
2	7
1	8

5

7	3	–	9	=		
7	3	–		=		
		–		=		

4	4	–	9	=		
4	4	–		=		
		–		=		

6

5	7	–	9	=		
5	7	–		=		
		–		=		

3	6	–	9	=		
3	6	–		=		
		–		=		

2	1	–	9	=		
2	1	–		=		
		–		=		

7

9	6	–	9	=		
9	6	–		=		
		–		=		

6	5	–	8	=		
6	5	–		=		
		–		=		

4	3	–	9	=		
4	3	–		=		
		–		=		

1 bis 7 Aufgabe in zwei Schritten schreiben und lösen. Der „Zahlenturm“ dient als Hilfe beim schrittweisen Lösen.

26 − 2 = 24 ☐
26 − 9 = 17 ☒
26 − 8 = 18 ☒

2	6	−	9	=	1	7
2	6	−	6	=	2	0
2	0	−	3	=	1	7

2	6	−	8	=	1	8
2	6	−	6	=	2	0
2	0	−	2	=	1	8

1
45 − 7 = ____ ☒
45 − 1 = ____ ☐
45 − 9 = ____ ☐

4	5	−	7	=		
		−		=		
		−		=		

		−		=		
		−		=		
		−		=		

2
61 − 6 = ____ ☐
67 − 6 = ____ ☐
63 − 6 = ____ ☐

		−		=		
		−		=		
		−		=		

		−		=		
		−		=		
		−		=		

3
94 − 3 = ____ ☐
91 − 5 = ____ ☐
96 − 9 = ____ ☐

		−		=		
		−		=		
		−		=		

		−		=		
		−		=		
		−		=		

4
36 − 4 = ____ ☐
34 − 6 = ____ ☐
35 − 9 = ____ ☐

		−		=		
		−		=		
		−		=		

		−		=		
		−		=		
		−		=		

5
53 − 4 = ____ ☐
53 − 8 = ____ ☐
53 − 2 = ____ ☐

		−		=		
		−		=		
		−		=		

		−		=		
		−		=		
		−		=		

6
71 − 7 = ____ ☐
75 − 7 = ____ ☐
78 − 7 = ____ ☐

		−		=		
		−		=		
		−		=		

		−		=		
		−		=		
		−		=		

1 bis 6 Welche Aufgaben gehen über den Zehner? Aufgaben ankreuzen, dann alle Aufgaben rechnen.

Übungen zum Addieren und Subtrahieren

1

84 – 8 = ___
63 – 4 = ___
45 – 9 = ___
71 – 7 = ___
90 – 6 = ___
32 – 8 = ___
47 – 9 = ___
56 – 7 = ___

2

28 + 5 = ___
57 + 8 = ___
69 + 7 = ___
85 + 6 = ___
89 + 4 = ___
78 + 6 = ___
17 + 8 = ___
64 + 6 = ___

3

29 + 6 = ___
91 – 5 = ___
78 + 4 = ___
100 – 3 = ___
84 – 7 = ___
36 + 7 = ___
54 – 8 = ___
19 + 8 = ___

4

53 + 9 = ___
34 – 7 = ___
68 + 5 = ___
72 – 6 = ___
46 + 8 = ___
92 – 4 = ___
46 + 5 = ___
65 – 9 = ___

Immer zwei Raumschiffe sehen gleich aus.

1

49 + 8 = ____ 57 + 6 = ____ 74 + 7 = ____

46 + 8 = ____ 55 + 6 = ____ 78 + 7 = ____

43 + 8 = ____ 58 + 6 = ____ 76 + 7 = ____

51 54 57 61 63 64 68 81 83 85

2

62 – 9 = ____ 81 – 5 = ____ 92 – 8 = ____

64 – 9 = ____ 83 – 5 = ____ 95 – 8 = ____

67 – 9 = ____ 84 – 5 = ____ 93 – 8 = ____

53 55 57 58 76 78 79 84 85 87

3

28 + 4 = ____ 39 + 3 = ____ 47 + 6 = ____

45 + 9 = ____ 56 + 8 = ____ 34 + 7 = ____

67 + 7 = ____ 78 + 5 = ____ 89 + 2 = ____

32 41 42 48 53 54 64 74 83 91

4

91 – 2 = ____ 84 – 6 = ____ 25 – 8 = ____

43 – 8 = ____ 38 – 9 = ____ 72 – 3 = ____

56 – 7 = ____ 62 – 5 = ____ 87 – 9 = ____

17 29 35 49 57 69 78 78 79 89

5

43 + 9 = ____ 81 – 6 = ____ 76 + 9 = ____

65 – 7 = ____ 76 + 7 = ____ 93 – 7 = ____

29 + 4 = ____ 52 – 4 = ____ 37 + 8 = ____

33 45 48 52 58 62 75 83 85 86

6

94 – 6 = ____ 45 + 8 = ____ 57 – 8 = ____

68 + 5 = ____ 73 – 7 = ____ 19 + 7 = ____

81 – 2 = ____ 89 + 6 = ____ 32 – 9 = ____

23 26 49 53 66 69 73 79 88 95

1 bis 6 Eine blaue Lösungszahl bleibt jeweils übrig.

Zahlenmauern

1 Berechne die fehlenden Steine.

Zahlenmauer	Zielstein	Grundsteine
a		37 | 8
b		47 | 8
c		57 | 8
d		67 | 8

2

Zahlenmauer	Zielstein	Grundsteine
a		48 | 5
b		64 | 9
c		35 | 6
d		78 | 7

3

Hier kannst du minus rechnen.

Zahlenmauer	Zielstein	Grundsteine
a	74	7 |
b	52	4 |
c	73	8 |

4

Zahlenmauer	Zielstein	Mitte	Grundsteine
a		73 | 8	70 | | 5
b		| 5	48 | | 2
c		| 9	58 | | 6

5

Zahlenmauer	Zielstein	Mitte	Grundsteine
a		56 |	50 | | 2
b		| 9	82 | | 4
c		| 8	35 | | 3

3 bis 5 Fehlende Grundsteine mit einer Ergänzungs- oder Minus-Aufgabe finden.